AF349799

INSTRUCTION

Sur la culture & les usages des Pommes de terre.

Les avantages des pommes de terre font connus. On fait qu'elles profpèrent dans tous les climats ; qu'elles donnent fans apprêt une nourriture auffi commode que falutaire ; que l'habitant des champs peut aller les déterrer à onze heures, & avoir à midi un aliment comparable au pain ; que c'eft de toutes les productions des deux Indes, celle dont l'Europe doit bénir le plus l'acquifition, puifqu'elle n'a couté ni crimes, ni larmes à l'humanité.

A ces vérités confolantes, il convient d'ajouter qu'il n'y a point de terrains qui, avec un peu de travail, ne deviennent propres à la végétation de ces racines ; que leur culture ne fauroit fous aucun rapport, avoir d'inconvénient : elle fait difparoître à jamais ces fléaux des grandes populations, le monopole, l'accaparement & la famine.

Cependant fi la récolte des pommes de terre manque rarement, elle n'eft pas toujours auffi abondante. Cette année, remarquable par fa féchereffe, en eft une preuve frappante. Les mars ont rapporté à peine la femence. La pomme de terre femble avoir fuivi la même marche jufqu'en vendémiaire ; mais les pluies furvenues ont rétabli fa végétation intérieure, de manière qu'elle a rendu la moitié de fon produit ordinaire. A la vérité, la plupart des tubercules n'ont pu atteindre une moyenne groffeur, & font reftés comme de petites noix. Dans cet état, elles feront plus de profit pour la plantation que pour la nourriture, parce que l'expérience a prouvé que les petites pommes de terre entières, parvenues à leur point de maturité, valent mieux que le plus gros quartier.

Combien il feroit important, dans ce moment où nous n'avons pas le moyen de perdre une mesure de grains, qu'on s'occupât de mettre en réserve toutes ces petites pommes de terre, pour la reproduction! La ménagère qui les achète au marché, en fait ordinairement un triage après leur cuisson, & les jette au rebut, parce qu'elles éprouvent beaucoup de déchet & qu'elles exigent des soins minutieux pour les éplucher. Les voilà donc perdues pour la subsistance publique & pour la plantation future.

Les cultivateurs aisés qui ont récolté des pommes de terre, viendroient à bout de remédier à cet inconvénient, en échangeant leurs grosses pommes de terre contre des petites, en achetant celles-ci au même prix que les premières, en en prêtant à ceux de leurs frères moins fortunés, qui voudroient en planter. Cet acte de bienfaisance, qui coûteroit peu, décéleroit dans les citoyens qui l'auroient exercé, un grand attachement à la République, & un patriotisme pur. Nous les invitons au nom de la patrie, à faire tourner au profit de la liberté & de l'égalité, ces réflexions suggérées par l'amour de l'utilité générale.

I.

La pomme de terre est la plus précieuse des plantes potagères ; elle se plaît dans tous les climats. La plupart des terrains & des expositions lui conviennent. On peut la multiplier par boutures, par marcottes & par semis. Son feuillage est un fourrage, ses racines sont une nourriture pour l'homme & pour les animaux. Il n'existe pas un coin de la République où elles ne prospèrent. Son produit est d'autant plus abondant, que celui des grains l'est moins : elle se plante après toutes les semailles, & se récolte après toutes les moissons.

2.

Le nombre des espèces de pommes de terre se
monte à douze. Elles peuvent toutes servir aux mêmes
usages, parce que toutes contiennent les mêmes prin-
cipes ; elles ne diffèrent que par leurs proportions, ce
qui en fait changer un peu l'aspect & le goût. Les
rouges demandent un meilleur sol, & produisent un
quart de moins. En appliquant avec discernement ces
espèces aux cantons, il n'y a pas de terrain, d'expo-
sition, de climat, où la plante ne se naturalise avec
toutes ses propriétés.

3.

L'espèce grosse blanche, marquée de points rouges
intérieurement & extérieurement, fort commune dans
les marchés, est celle à laquelle il faut spécialement
s'attacher, lorsqu'on a en vue la nourriture du bétail,
l'extraction de l'amidon ou farine, & la préparation du
pain mélangé avec cette racine, parce qu'elle est la
plus vigoureuse, la plus féconde & la plus propre à
tous les pays ; qu'elle ne manque presque jamais, même
dans les fonds légers les plus stériles ; elle est d'une
excellente qualité pour la table, & c'est avec cette espèce
qu'il faut commencer les défrichemens.

4.

Sans être supérieure à tous les accidens, la pomme
de terre est, particulièrement dans les sols légers &
sablonneux, moins assujettie aux malheurs qui souvent
moissonnent ou détruisent les autres végétaux : elle
brave les effets de la grêle, nettoie pour plusieurs
années le champ infecté de mauvaises herbes, détruit
les chiendents si abondans dans les vieilles luzernes,
donne, sans engrais, de riches récoltes dans les prai-
ries artificielles retournées, dispose favorablement le
terrain à recevoir les grains qui lui succèdent, &

devient un moyen non seulement de supprimer les jachères, mais encore de tirer parti des fonds les plus ingrats, en les rendant capables de rapporter d'autres productions.

5.

Deux labours suffisent assez ordinairement pour disposer toutes sortes de terrains à cette culture. Le premier très - profond avant l'hiver ; le second avant la plantation. Il est bon que le sol ait sept à huit pouces de fond ; que la pomme de terre soit plantée à un pied & demi de distance, & recouverte de quatre à cinq pouces de terre : il faut planter plus clair dans les fonds riches que dans les terres maigres, & dans celles-ci plus profondément. Les espèces blanches demandent à être plus espacées que les rouges, qui poussent moins au dehors & au dedans.

6.

Toutes les espèces de pommes de terre sont tendres, sèches & farineuses dans les lieux un peu élevés, dont le sol est un sable gras ; pâteuses, humides dans un fonds bas & glaiseux. Il faut mettre les blanches dans des terres à seigle, & les rouges dans les terres à froment ; la grosse blanche dans tous les sols, excepté dans ceux trop compacts, où cette culture est difficile & les produits de médiocre qualité. On leur restitue, il est vrai, leur premier caractère de bonté, en les plaçant l'année d'ensuite sur le terrain qui leur est le plus favorable.

7.

Une seule pomme de terre suffit pour la plantation, quel qu'en soit le volume ; & quand elle a une certaine grosseur, il faut la diviser en biseaux, & non pas en tranches circulaires, & laisser à chaque morceau deux à trois œilletons au moins, avec la précaution d'exposer un ou deux jours à l'air, les morceaux découpés,

afin qu'ils féchent du côté de la tranche & ne pour-
riffent pas en terre, par l'action des pluies abondantes
qui furviennent immédiatement après la plantation ; en
un mot, il vaut mieux une petite pomme de terre
entière, que le plus gros quartier.

8.

Il eft néceffaire de proportionner la nature du fol
à la quantité de pommes de terre à planter. Plus il eft
riche par-là même & par les engrais qu'on emploie,
moins il en faudra chaque arpent ; il exige depuis deux
fetiers jufqu'à trois, mefure de Paris, & même plus,
fi elles font d'une certaine groffeur. Le maximum du
produit qu'on puiffe efpérer de la blanche marquée
de points rougeâtres, eft de cent fetiers pour chaque
arpent. Le terme moyen eft de 50 à 70. Les
rouges longues produifent, toutes chofes égales
d'ailleurs, un tiers de moins, fe vendent plus cher
dans les marchés, demandent un meilleur terrain, &
ne font pas d'une complexion auffi vigoureufe.

9.

Se hâter de planter les pommes de terre ne procure abfolument aucun bénéfice, parce qu'alors il leur
faut beaucoup plus de temps pour lever, & qu'elles
courent plus de rifques dans le champ qu'au grenier.
Il vaut mieux attendre que les mars foient entièrement
terminés ; mais, en quelque temps que ce foit, les
pommes de terre en pleine germination, ou dont on
aura arraché les pouffes bien avant le printemps, peuvent
fervir également à la plantation ; elles font même alors
un peu plus hâtives.

10.

Les différentes méthodes de cultiver les pommes de
terre doivent être réduites à deux principales : l'une

confifte à les planter à bras, & l'autre à la charrue. La première produit davantage, mais elle eft plus coûteufe que la feconde, qui cependant doit toujours être préférée, lorfqu'il s'agit d'en couvrir une certaine étendue pour l'engrais du bétail.

I I.

Il feroit infiniment utile que les cultivateurs qui ont une exploitation d'une certaine étendue, pratiquaffent les deux méthodes féparément dans deux champs voifins de leur ferme, & proportionnés à l'étendue de leur exploitation ; le produit de la méthode à bras ferviroit aux befoins de la famille, & ce feroient les rouges : l'autre à ceux des beftiaux, & il faudroit employer les groffes blanches, marquées de points rougeâtres.

I 2.

Dans le courant d'avril, on trace une raie la plus droite poffible ; deux enfans, ou deux femmes munies chacune d'un panier, fuivent la charrue, l'une pour jeter la pomme de terre, & l'autre du fumier par-deffus, lorfqu'on en emploie, ou qu'on ne l'a pas diftribué dans la totalité du champ par les labours. On ouvre après cela deux autres raies où l'on ne met rien. Ce n'eft qu'à la troifième raie qu'on recommence à femer & à fumer, & ainfi de fuite. Dès que le travail eft fini, il faut herfer, pour tout recouvrir avant que la pomme de terre ne lève.

I 3.

Dès que la pomme de terre a acquis trois à quatre pouces, il faut la farcler à la main ; & quand elle eft fur le point de fleurir, on la butte, en faifant entrer dans les raies vides une petite charrue qui renverfe la terre de droite & de gauche, & rechauffe le pied. Souvent une première façon difpenfe de la feconde,

quand le terrain trop aride ne favorife pas la végétation des herbes étrangères. On peut y femer enfuite
de gros navets ou turneps, lorfqu'on veut obtenir
deux récoltes du même champ & ne perdre aucune
place, ce qui fuppofe, il eft vrai, une bonne qualité de fol.

14.

La culture à bras eft pratiquée en échiquier, en
quinconces & en rangées droites, en faifant des ri-
goles ou des trous plus ou moins profonds & larges,
dans lefquels on jette la pomme de terre & le fumier
qu'on recouvre enfuite, qu'on farcle & qu'on butte à
la main avec la houe à long manche. Comme il ne
s'agit pas ici d'une grande étendue, les façons peuvent fe répéter pour augmenter le produit. Cette méthode permet de placer des pommes de terre dans une
foule d'endroits vagues ou inutiles, dans les vignes,
fur les revers des foffés, dans des parcs, dans un
bois après qu'il eft coupé, dans les laiffes de mer,
dans les fables, fur nos côtes, &c. &c. &c.

15.

La maturité des pommes de terre s'annonce par le
feuillage qui jaunit & fe flétrit de lui-même, fans le
concours d'aucun accident. Quelques jours avant
fructidor, on peut le faucher, ou faire entrer dans
le champ les vaches & moutons qui le broutent. Brumaire arrivé, les pommes de terre ne végètent plus à
leur avantage ; il ne faut pas différer d'en débarraffer
le fol pour les femailles d'hiver, pour remplacer par
un grand profit l'année de féchereffe, & pour pré-
venir des gelées blanches qui gâteroient les racines
à la fuperficie du terrain, & empêcheroient qu'on ne
les laiffât fe raffurer fur le terrain même ou elles ont
été plantées.

16.

C'eſt dans le courant de brumaire qu'il faut s'oc-
cuper de la récolte des pommes de terre. Une ſimple
charrue ſuffit par jour pour en déchauſſer un arpent
& demi ; & ſix enfans bien d'accord peuvent aiſé-
ment la deſſervir. Munis chacun d'un panier, ils
portent à un tas commun les racines dépouillées des
filamens chevelus. La récolte à bras eſt moins com-
pliquée. On peut bien dans les terres légères, en ſai-
ſiſſant les tiges & tirant à ſoi, enlever les racines
en paquets ; mais dans les terres fortes, il faut ſe ſervir,
non pas d'une bêche ou d'une houe, mais d'une four-
che à deux ou trois dents. On fait le triage des petites d'avec les groſſes ; on met de côté celles qui
ſont entamées, pour les conſommer les premières :
on rejette les gâtées.

17.

De tous les moyens propoſés pour multiplier les
bonnes qualités de pommes de terre, & empêcher
qu'elles ne s'abâtardiſſent, il n'y en a point de plus
efficace que les ſemis. Il faut de temps en temps
renouveler les eſpèces par cette voie, en cueillant la
veille de la récolte des racines, les fruits de l'eſpèce
qu'on a deſſein de propager, en les conſervant pendant
l'hiver dans du ſable, ou ſuſpendues à des cordes, en les
mêlant au printemps avec de la terre, & les répan-
dant ſur des couches ou ſur un bon terreau.

18.

Une fois la plante levée de ſemis, on la ſarcle,
en la butte & on la récolte comme celle qui vient de
bouture ; replantée, dès la ſeconde année elle donne
déjà d'aſſez groſſes pommes de terre pour offrir une
reſſource ; mais la production n'eſt véritablement
complète que la troiſième année. Ce moyen de la

nature, fi facile , procure une nouvelle génération pendant une longue fucceffion d'années , conferve la fécondité & tous fes caractères,

19.

La provifion de pommes de terre qui ne confifte que dans quelques boiffeaux , eft d'une garde très-facile , parce qu'on peut la tranfporter fur le champ de la cave au grenier , felon la température ; il fuffit de les remuer , & de ne jamais en faire des tas trop épais , de les mettre fur des planches ou de la paille, éloignées des murs.

20.

Les grandes quantités de pommes de terre prefcrivent d'autres mefures de confervation. Les plus efficaces font de creufer dans le terrain le plus élevé , le plus fec & le plus voifin de la maifon , une foffe d'une profondeur & largeur proportionnées aux pommes de terre qu'on a deffein de garder. On garnit le fond & les parois avec de la paille longue ; les racines une fois difperfées, font recouvertes enfuite d'un autre lit de paille. On fait au-deffus une meule en forme de cône ou de *talus ;* & on a foin que la foffe foit moins profonde du côté où on tire la pomme de terre pour la confommation , en obfervant de clorre l'entrée chaque fois qu'on en ôte.

21.

Une autre méthode particulière , peu coûteufe à tout cultivateur , facile & certaine dans l'exécution , c'eft de faire dans l'intérieur d'une grange , avec des claies dont on fe fert ordinairement pour le parc des moutons, ou avec des planches , un efpace plus ou moins grand felon l'étendue de la récolte qu'on a à efpérer , en obfervant un paffage pour y conduire , lequel paffage fert à les y dépofer & à les enlever à mefure de la confommation. On fent aifément que cet efpace eft entoure tous les ans par les grains & les fourrages qu'on renferme dans la grange. Cette méthode qui fupplée aux foffes, conferve les pommes de terre fans aucun inconvénient.

-22.

Pour prolonger un temps infini la durée des pommes de terre en fubftance, il faut leur faire fubir dans l'eau un peu falée quelques bouillons, ce qu'on nomme vulgairement *blanchir* ; les couper enfuite par tranches & les expofer au-deffus d'un four de boulanger, elles acquièrent alors la féchereffe & la tranfparence d'une corne ; expofées enfuite dans un pot avec un peu d'eau ou tout autre liquide fur un feu doux, elles fourniffent un aliment fain, comparable à la racine fraîche. En les réduifant en poudre, elles offrent une purée & des potages très-falutaires. Ce moyen donne le très - grand avantage de conferver par-tout & pendant des fiècles, fans embarras comme fans frais, le fuperflu de la provifion de chaque mois que la germination détruiroit au retour des chaleurs ; de jouir de ce légume long-temps, & d'en tirer encore parti fans inconvénient pour le fang quand il a été furpris par la gelée.

23.

La grande quantité d'eau que renferment les pommes de terre & leur extrême propenfion à germer, ne permettent guère de les conferver au-delà de fix mois, quel que foit le procédé pour les prolonger d'une récolte à l'autre, en les divifant par tranches & les expofant à la chaleur du foleil ou du feu ; mais les racines qui ont fubi cette defficcation la plus fimple, la plus naturelle & la plus expéditive, ne peuvent plus reprendre par la cuiffon leur faveur. Toujours elles préfentent une fubftance défagréable à la vue & au goût ; ce moyen doit donc être rejetté. En les mettant au preſſoir comme les pommes pour faire le cidre, & diviſant le marc par pains, elles sèchent très-bien à l'air, & peuvent ſervir ainſi avec avantage aux beſtiaux, pendant toute l'année.

24.

Un autre moyen de perpétuer, d'étendre l'uſage des pommes de terre, d'en tirer même parti lorſque la gelée, la germination ou le défaut de maturité les rendent peu propres à ſervir de nourriture en ſubſtance, c'eſt d'extraire leur farine ou amidon, pourvu qu'elles ne ſoient ni cuites, ni sèches, ni altérées juſqu'à un certain point. Une livre de ces racines en donne depuis deux juſqu'à trois onces ; elles en fourniſſent d'autant plus qu'elles ont été récoltées ſur des terres élevées & légères.

25.

On prépare l'amidon de pommes de terre au gras ou au maigre, & la bouillie qui en réſulte eſt légère, ſubſtantielle, & infiniment préférable à celle de froment. Elle peut ſervir tout à la fois de remède & d'aliment ; elle convient aux vieillards, aux enfans & aux malades ; elle augmente le lait aux nourrices & prévient les coliques dont elles ſont tourmentées. Il n'exiſte pas dans les campagnes un ménage aſſez pauvre pour, moyennant une rape & un tamis, n'être pas en état de s'en procurer de quoi fournir aux beſoins de la famille. Cet amidon qu'on ne peut employer pour la coëffure, fait de la colle & un bon empois ; il eſt inaltérable conſervé dans un endroit ſec, à l'abri des animaux.

26.

La pratique trop aiſée de cuire les pommes de terre à grande eau & dans un pot à découvert, devroit être proſcrite, parce qu'elle nuit à leur qualité. Il faut que cette cuiſſon s'opère à la vapeur de ce fluide; pour cet effet, on les lave, ou bien on les laiſſe tremper pendant quelques momens dans l'eau froide, ſur-tout lorſqu'elles ſont gelées; car alors aucuns moyens ne peuvent les rappeler à leur premier état pour la plantation; on les met dans un pot où il y a un peu d'eau, qu'on ferme exactement.

27.

On pourroit mieux faire encore en ſe ſervant d'un panier d'oſier garni de deux anſes pour enlever les pommes de terre à volonté. Ce panier entreroit dans le chaudron à quelque diſtance du fond ſans toucher à l'eau; une claie ou un grillage placé au milieu du chaudron, muni d'un couvercle propre à retenir & à fouler les vapeurs de l'eau & à conſerver la chaleur, rempliroit abſolument le même but. Les racines traitées ainſi augmentent encore de qualité en les expoſant un moment toutes pelées dans un vaſe, à un feu doux ou ſur un gril. Elles achèvent alors de perdre leur humidité ſurabondante & acquièrent tous les avantages des pommes de terre cuites au four ou ſous les cendres: elles ſont sèches, farineuſes & délicates.

28.

Les pommes de terre qui exigent moins de frais, de ſol & de labour que toute autre production, rendent dans les campagnes la ſubſiſtance plus facile, plus aſſurée & plus abondante. C'eſt particulièrement pour leurs habitans qu'elles paroiſſent deſtinées, parçe qu'elles exigent peu d'aſſaiſonnement pour un comeſtible ſalutaire; quelques grains de ſel, un peu de beurre, de la graiſſe, du lard, du miel, de la crême, du lait ſuffiſent. Les habitans des grandes communes y trouveront auſſi un aliment excellent, parce qu'il a la propriété de corriger le ſang qui viſe au ſcorbut. Elles ſont fades,

(13)

ſans être inſipides, & cette fadeur contre laquelle on
s'eſt tant récrié, conſtitue préciſément cette qualité qui
faît qu'elle ſe prête à tous nos goûts ; qu'on ne s'en
laſſe pas plus que de pain ; qu'elles reſſemblent à beaucoup d'égard à cet aliment de première néceſſité, &
qu'elles peuvent entrer dans ſa compoſition lorſqu'il y
a diſette ou cherté de grains & de farines ; mais les
pommes de terre, ſous cette forme, ne ſeront jamais
tout à la fois un ſupplément & un objet d'économie
que pour les laboureurs environnés de terrains couverts
de ces racines, vu que tous frais de culture payés, le
ſac peſant deux cent vingt livres, ne leur reviendra
point à 1 liv. 10 ſous. Le tranſport de cette denrée eſt
coûteux ; ſa conſervation pendant l'hiver demande
un emplacement & des ſoins qu'on ne trouve qu'à la
campagne.

29.

Le pain de pommes de terre mélangé conſiſte à
employer la farine ſans former de levain ; à tenir la pâte
exactement ferme & à appliquer les racines cuites avec
leur peau ſans eau, au levain ou à l'amidon, & à faire
en ſorte que le mélange ſoit bien levé. Prenez vingt-
cinq livres de farine de froment, de ſeigle & d'orge,
ſuivant l'uſage & les reſſources du canton ; délayez
un peu de levain quelconque avec aſſez d'eau chaude
pour en former une pâte ferme que vous laiſſerez fer-
menter comme un levain ordinaire. Ayez vingt-cinq
livres de pommes de terre, préalablement cuites ; mêlez-
les toutes chaudes au levain & à un demi-quarteron de
ſel fondu dans l'eau. Quand le mélange ſera ſuffiſam-
ment pêtri au moyen d'un rouleau de bois, diviſez
par pains de deux & quatre livres ; dès qu'ils ſeront
bien levés, enfournez-les avec la précaution de chauffer
moins le four & d'y laiſſer la pâte plus long-temps ſé-
journer. Ce pain ſe conſerve frais long-temps, & quand

c'eſt la farine de froment qu'on a employée, on croiroit à l'odeur & à la ſaveur qu'on y a introduit du ſeigle.

30.

Il n'exiſte pas de plante plus univerſellement utile que la pomme de terre ; elle eſt la première des plantes potagères ; elle prolonge les effets du fourrage toute l'année, conſerve dans leur embonpoint les beſtiaux qui s'en nourriſſent, améliore leurs fumiers pour les terres légères, ſi propres à leur végétation. Avec cette denrée, les fermiers trouveront dans leurs plus mauvais fonds l'avantage de faire des élèves pendant l'été, d'entretenir l'hiver des troupeaux conſidérables ; le petit cultivateur, à ſon tour, fera rapporter à ſon foible héritage de quoi nourrir ſa famille, ſa vache, ſon cochon & ſa volaille. Jamais cette culture ne deviendra préjudiciable à celle des grains ; ſi l'une & l'autre ſont également abondantes, on pourroit employer le ſuperflu des pommes de terre à l'extraction de leur amidon, à en former des gâteaux qui ſe conſervent, à les faire blanchir, couper par tranches & ſécher, ou enfin à les faire manger par le bétail, au moyen duquel il ſeroit poſſible d'établir un grand commerce, ou qu'on échangeroit. Enfin, la pomme de terre eſt un aliment local qui diminuera la conſommation des grains dans les campagnes ; alors leurs habitans mieux nourris & plus riches en beſtiaux, doubleront leurs moiſſons en tout genre.

A PARIS,

DE L'IMPRIMERIE NATIONALE EXÉCUTIVE DU LOUVRE.

An II.ᵉ de la République.